BEI GRIN MACHT SICH IHR WISSEN BEZAHLT

AF151075

- Wir veröffentlichen Ihre Hausarbeit,
  Bachelor- und Masterarbeit

- Ihr eigenes eBook und Buch -
  weltweit in allen wichtigen Shops

- Verdienen Sie an jedem Verkauf

Jetzt bei www.GRIN.com hochladen
und kostenlos publizieren

Bibliografische Information der Deutschen Nationalbibliothek:

Die Deutsche Bibliothek verzeichnet diese Publikation in der Deutschen National-
bibliografie; detaillierte bibliografische Daten sind im Internet über http://dnb.d-
nb.de/ abrufbar.

Impressum:

Copyright © 2002 GRIN Verlag, Open Publishing GmbH
Druck und Bindung: Books on Demand GmbH, Norderstedt Germany
ISBN: 9783656490760

Dieses Buch bei GRIN:

http://www.grin.com/de/e-book/13708/perspektiven-der-geographischen-regional-
forschung-locality-studies-und

Joerg Geuting

Perspektiven der geographischen Regionalforschung. Locality Studies und regulationstheoretische Ansätze

GRIN Verlag

Westfälische Wilhelms-Universität Münster
Fachbereich: Geographie
SoSe 2002
Seminar: Methoden der Regionalanalyse

Referent: Joerg Geuting
Datum: 28.05.2002

Perspektiven der geographischen Regionalforschung
„Locality Studies" und regulationstheoretische Ansätze

Gliederung:

1. Einleitung uns Entwicklungstendenzen:
- **eine der Entwicklungen der heutigen Gesellschaft ist die Globalisierung**
- Zunahme der internationalen Verflechtungen von Politik und Wirtschaft
- „Vernichtung von Zeit und Raum" durch neue Kommunikationstechniken
- das Alltagsleben ist stärker abhängig von Entscheidungen die an anderen Orten getroffen werden (Bsp. sind Live-Übertragungen aus Krisengebieten oder auch bei Sportereignissen)

Doch wenn die Globalisierung die einzige zu erkennende Entwicklung in der Gesellschaft wäre, würde die Regionalgeographie darauf reduziert werden, die globalen Einflüsse auf die Region zu beschreiben. Das spricht ganz klar gegen die Forschungspraxis der Geographie

Der zweite wichtige Aspekt des gegenwärtigen Wandels ist die Regionalisierung

2.: Die neue Bedeutung der Regionen

2.1.: in Hinsicht auf die Ökonomie:
- Integration der Ökonomie führte zu eine räumlich-funktionalen Arbeitsteilung, die aber in verschiedenen Regionen auch verschieden ausgeprägt waren, weil die räumlichen Strukturen so verschieden sind
- Es kommt zu einem schnellen Wachstum von Hochtechnologiezentren, die außerhalb von den wirtschaftlichen Agglomerationsräumen liegen

2.2.: in Hinsicht auf die politische Ebene:
- weil die Aufgaben des Strukturwandels so komplex sind, werden Entwicklungskonzepte der Regionen zu Grundlagen des staatlichen Handelns
- die Regionen bekommen eine größere Bedeutung in der EG-Politik

2.3.: in Hinsicht auf Kultur und Regionsidentität:
- die Regionalkultur wird von der Landesregierung bis hin zum Europarat gefördert
- Regionen werden Gegenstand von Marketing Strategien
- nach außen hin zur Anreizung für Investoren und Zuwanderungen
- nach innen hin zur Identitätsbildung
- die regionale Differenzierung von Kultur und Mentalität werden für die Unterschiede in der Wirtschaftsentwicklung verantwortlich gemacht

3.: „Locality Studies"
- war ein Forschungsprojekt in England das in den Jahren 1984 – 1987 durchgeführt wurde um die regionale Differenzierung zu beschreiben
- Regionale Differenzierung war gekennzeichnet durch eine Strukturkrise im Norden und durch ein gleichzeitiges Wachstum der Dienstleistungsbranche und High-Tech-Betrieben im Südosten

3.1.: Zentrale Fragestellungen in der Theorie der „Locality Studies"
1. Wie wirkt sich der wirtschaftliche Strukturwandel auf bestimmte „localities" aus?
2. Wie reagieren die „localities" auf den Strukturwandel?
3. Welche politischen Strategien werden in den „localities" verfolgt?

3.2.: Probleme bei der Definition des zentralen Begriffs „locality"
- übersetzt bedeutet der Begriff ungefähr „Örtlichkeit" oder „Gegend"
- nach Cooke: sozialräumliche Basis für alltägliche wirtschaftliche und politische Aktivitäten von Gruppen und Individuen
- die Abgrenzung der „localities" musste erst empirisch ermittelt werden
- in der Forschungspraxis wurden aber meist Arbeitsmarktregionen als Untersuchungsräume gewählt
- in der Forschungspraxis wurden verschiedene „localities", die verschiedene Arbeitsmarkttypen repräsentieren, über mehrere Jahre empirisch nach folgenden Merkmalen untersucht, um sie danach besser zu vergleichen zu können
  1. Wirtschafts- und Sozialgeschichte
  2. Arbeitsmarkt
  3. Kapital /Arbeitsbeziehungen
  4. Sozialstrukturen
  5. Wohnungsmarkt
  6. Politik
  7. Planungspolitik
  8. Soziokulturelle Verarbeitung des Strukturwandels

3.3.: Kritik an der Theorie der „Locality Studies"
- es kann ein zukunftsweisendes Forschungsprogramm sein, muss dafür aber theoretischer eingebettet werden, um nicht in eine Vielzahl von theoretischen Einzelergebnissen zu verfallen
- die Konzentration auf die lokale Ebene verstellt den Blick auf entscheidende Veränderungen in der Weltwirtschaft und auf der Ebene des Nationalstaates
- es liefert keine Erläuterungen des Zusammenhangs zwischen dem wirtschaftlichen Wandel und kulturellen sowie politischen Veränderungen

4.: Neue Ansätze zur Erklärung der raumstrukturellen Differenzierung
- die Tendenzen der Raumentwicklung (Globalisierung / Regionalisierung) führten zu verschiedenen theoretischen Entwürfen
- die *neoklassischen* und *polarisationstheoretischen Ansätze*, welche die regionale Entwicklung in *Kontinuitäten* und *Brüche* bzw. *Zyklen* einteilten wurden durch Theorien abgelöst,
- die regionale Entwicklung in einem Zusammenhang von *raum-zeitlichen Erscheinungen* sah
- abzugrenzen von Diesen ist die französische „*école de la régulation*"
- → sie sieht den Schwerpunkt der regionalen Entwicklung in der Abfolge von verschiedenen *Perioden, Stadien* und *Phasen*

5.: Regionalforschung im Kontext des Regulationsansatzes

5.1.: ... mit wirtschaftsgeographischem Hintergrund
- zuerst soll das Entstehen von neuen industriellen Produktionsräumen erklärt werden
- sie lassen sich im *Regulationsansatz* aus einer Kombination von *regionsinternen Faktoren* (endogene Potenziale) und *regionsexternen Faktoren* (weltweite Veränderungen der Organisationsbeziehungen, unternehmensinterne Arbeitsbeziehungen) ableiten

5.1.1.: Übergang von der Fordistischen Phase zur Postfordistischen Phase
- Fordistische Phase benannt nach Henry Ford
- in den 50er bis in die frühen 80er Jahre
- das industrielle Organisationsprinzip war die strikte interne Arbeitsteilung im Sinne des Taylorismus
- Massenproduktion von standardisierten Produkten stand im Mittelpunkt
- doch die Fixierung auf riesige Produktionsanlagen wies auf einen zeitlich begrenzten Horizont des Fordismus hin

- im Postfordismus (Regime der flexiblem Akkumulation) wurden die fordistischen Organisationsprinzipien immer weiter aufgelöst
- Besonders im Maschinen- und Fahrzeugbau, der Elektroindustrie und der Großchemie kommt es zu einer internen Flexibilisierung

interne Flexibilisierung:
- flexible Produkttechnologien, durch Einsatz neuer Informations- und Kommunikationstechniken und computergesteuerter Produktionsmaschinen
- neue Arbeitsorganisation (keine Fließbandarbeit mehr sondern Gruppenarbeit)

externe Flexibilisierung:
- Unternehmen sind bestrebt, flexible interindustrielle Verflechtungen aufzubauen (just-in-time-Belieferung, Informationsaustausch)
- um kooperative Standortvorteile zu dezentralisieren und komparative Standortvorteile auszunützen (z.B. Rohstoffbezug)
- → Fertigungstiefe sinkt (in den Stammbetrieben)
- →Ausweitung der Auftragsvergabe an Subunternehmen
- → es entstehen neue Kontrollbeziehungen (hierarchische Abhängigkeiten, Partnerschaften, strategische Allianzen)

5.1.2: Drei Idealtypen von Regionalstrukturen
- Interne und externe Flexibilisierungsstrategien können territorial integriert oder desintegriert sein
- Bei der Beschränkung auf die territorial integrierten Flexibilisierungsstrategien lassen sich folgende idealtypischen Regionalstrukturen nachweisen

1. **der erste Idealtyp** entsteht durch Ausnutzen der Flexibilisierungsstrategie durch Großunternehmen, die *Schlüsselprodukte* in ausgeprägter Marktorientierung herstellen
   - außerdem behält das Hauptunternehmen die Kontrolle über die Endprodukte
   - Aktivitäten mit strategischer Bedeutung oder die Fertigung von Komponenten werden an Subunternehmer weitergegeben
   - Bsp. für diesen Idealtyp sind die Automobilindustrie an den neuen modernen Standorten

2. **der zweite Idealtyp** ist gekennzeichnet durch die flexible Spezialisierung regionaler Produktionsräume durch kleine und mittelgroße Unternehmen
   - hierbei ist die räumliche Nähe der Unternehmen zueinander die entscheidende Vorraussetzung für die Produktion von maßgeschneiderten, innovativen, qualitativ hochwertigen Gütern
   - es bestehen Kooperationsbeziehungen, eine schnelle Umstellung der Produktion ist möglich, Just-in-Time – Belieferung der Unternehmen
   - die vorwiegend Klein- und Mittelbetriebe schaffen sich gemeinschaftliche Forschungs-, Entwicklungs- und Vermarktungseinrichtungen, die sonst nur den Großunternehmen vorbehalten sind
   - typisches Beispiel ist das *„dritte Italien"*

3. **der dritte Idealtyp** ist durch räumliche Ballung von Hochtechnologieunternehmen gekennzeichnet
   - die schnell wachsenden Betriebe schaffen sich ihre eigenen Standortregionen
   - räumliche Nähe ist auch hier ein entscheidender Faktor um wirtschaftlichen Erfolg zu realisieren

Doch neben diesen Idealtypen der Regionalstruktur erhält das flexible Akkumulationsregime auch noch die traditionellen fordistischen Strukturen: besonders in den altindustriellen Räumen, wenn dort durch die Unterbeschäftigung Lohngefälle ausgenützt werden können (südliche Wirtschaftsräume der ehem. DDR).

5.2.: ...mit sozialgeographischem Schwerpunkt
- was im ökonomischen Kontext der Begriff *„Flexibilisierung"* ist, entspricht im politischen und kulturellen Kontext den Begriffen *„Deregulierung"* und *„Differenz"*
- unter *„Deregulierung"* versteht man den Abbau ordnungsrechtlicher Festlegungen, die Reduzierung der öffentlichen Aufgabe und die Errichtung neuer Koordinierungsinstitutionen

5.2.1.: Übergang von der Fordistischen Phase zur Postfordistischen Phase
- im Fordismus nahmen, im Rahmen der Globalsteuerung, staatliche Aktivitäten an Breite und Intensität zu
- die Raumordnungspolitik der 60er und 70er Jahre zielte auf eine Angleichung der Lebensverhältnisse

- im Postfordismus geht die Vorstellung einer homogenen Gesellschaft weitestgehend verloren
- das Bild der Solidargemeinschaft wird durch eine soziale Differenzierung individualisierter Lebensformen (z.B. Dinkies, Yuppies) bei gleichzeitiger Akzentuierung der Konsumstile abgelöst
- mit der Schaffung des EG-Binnenmarktes hat man eine neue räumliche Dimension des regionalen Wettbewerbs um Kapitalinvestitionen geschaffen
- die Regionen sollen eigenständiger Arbeiten
- die Regionen werden dadurch zur eigenständigen Entwicklung spezialisierter Entwicklungswege gezwungen
- die wichtigste Aufgabe liegt jetzt in der Erforschung zukünftiger Formen der Regionalpolitik

6. Ein Beispiel für eine idealtypische Regionalstruktur: *„Das dritte Italien"*

6.1. Begriffserläuterungen

„Flexible Produktionskonzepte":
- Fertigung von Gütern in geringer Stückzahl
- flexibleres Eingehen auf individuelle Wünsche der Kunden möglich
- Produktion wird in verschiedene Produktionsstufen zerteilt
- die Produktionsstufen können räumlich voneinander getrennt sein
- Auslagerung von Produktionsschritten → vertikale Desintegration und Steigerung der zwischenbetrieblichen Interaktion
- → kleinere Betriebe spezialisieren sich auf einzelne Produktionsstufen und können so ihre Stellung am Markt beibehalten
- Großunternehmen stellen keine Konkurrenz dar, weil ihre Produktion auf Massenherstellung ausgelegt ist
- diese Netzwerke der räumlichen Organisation des Konzepts der flexiblen Spezialisierung werden auch als *„Industrial Districts"* bezeichnet

„Industrial Districts":
- Konzentrierte Ballung kleiner Unternehmen mit engen Beziehungen untereinander (tauschen Informationen, Werkzeuge und sogar Personal aus um sich Aufträge am Markt zu sichern)
- Betriebe spezialisieren sich auf einzige oder wenige Produktionsstufen
- flexibles reagieren auf Nachfrageveränderungen
- die räumliche Nähe der Betriebe zueinander ist wichtig um Kosten zu sparen und zwischenbetriebliche Arbeitsteilung zu fördern
- große Mobilität der Arbeitskräfte
- „Nicht die Großen fressen die Kleinen, sondern die Schnellen überholen die Langsamen" (Prof. Helmut Voelzkow, Max-Planck-Institut)
- hohe Dichte von Organisationen (Gewerkschaften, lokale Beratungsdienste, staatliche und private Dienstleistungsunternehmen), ein qualifizierter Arbeitsmarkt und Schulungseinrichtungen

Das „Dritte Italien":
- der Begriff wurde erstmals 1977 vom italienischen Soziologen Bagnasco verwendet
- Beinhaltet die Verwaltungsgebiete Friuli-Venezia Giulia, Veneto, Emilia-Romagna, Toskana, Umbrien und Marche
- in der ersten Hälfte des 20. Jh. dominierten in diesem Gebiet handwerkliche Berufe (Herstellung von landw. Geräten, Möbel, Porzellan, Textilien und Schuhe)
- nach dem 2. WK rapides Wachstum der Industrie bis in die 80er Jahre
- Gestiegene Anzahl von Unternehmensgründungen (durch Betriebsverkleinerungen)
- In der Zeit von 1981 – 1991 schuf man im „Dritten Italien" 178.000 neue Arbeitsplätze, während in anderen Industrieräumen im selben Zeitraum 777.000 Arbeitsplätze abgebaut wurden (76% davon in Großunternehmen)
- Konzentration vom verarbeitenden Gewerbe in der Schuh- und Bekleidungsindustrie in den Regionen Emilia-Romagna, Toskana und Veneto (334.000 Beschäftigte)

6.2.: Warum kam es in dieser Region zur Entwicklung von „Industrial Districts"

auf politischer Ebene:
- es gab in Italien nie eine starke Zentralregierung
- es gab in den letzten 50 Jahren häufige Regierungswechsel
- → daher gab es schon immer eine Tendenz zur starken regionalen Regierung
- dies wirkte sich positiv auf die Schaffung der institutionellen Rahmenbedingungen aus
- → *Regionale Regierungen* senkten die organisatorischen Kosten in Handwerksberufen, förderten den regionalen Zusammenhalt, eliminierten strukturell bedingte Nachteile kleiner Betriebe, vergaben Kredite mit niedrigen Zinsen, leisteten finanzielle Unterstützung bei der Anschaffung von hochtechnologischen Maschinen, erfassten Handwerker als eigene Gruppe bezüglich der Steuerklasse, der Sozialversicherung und im Gesundheitswesen

auf wirtschaftlicher Ebene:
- im heutigen „Dritten Italien" dominierten schon immer kleinere und mittlere Betriebe (sind zugänglicher für flexible Produktionskonzepte als Großunternehmen)
- die Hälfte der 4Mio. italienischen Unernehmen beschäftigen weniger als 10 Personen
- → flexible Produktionskonzepte konnten schnell in die handwerklichen Betriebe integriert werden
- Handwerksberufe haben in Italien eine lange Tradition
- Massenproduktion war in Italien nie so ausgeprägt
- Heimarbeit ist eine weit verbreitete Arbeitsform (im Gebiet von Modena sogar über 50% der Beschäftigten) → Möglichkeit für die Betriebe auf billige Arbeitskräfte zurückzugreifen

auf sozialer Ebene:
- keine hierarchische Stellung zwischen Unternehmer und Arbeiter → viele Arbeiter wurden selber Unternehmer → wenn sie scheiterten konnten sie wieder als Arbeiter ihr Geld verdienen
- auch heute noch haben die Arbeiter einen engen Bezug zur Landwirtschaft → haben die Möglichkeit ein zusätzliches Einkommen zu erwirtschaften → trägt zur Flexibilität des Arbeitsmarktes bei (z.B. bei Arbeitslosigkeit oder Teilzeitarbeit)

7. Literaturangaben:
- Danielzyk, Rainer / Jürgen Oßenbrügge (1993): Perspektiven geographischer Regionalforschung: „Locality Studies" und regulationstheoretische Ansätze. in: Geographische Rundschau, Ausgabe 45, Band 4
- http://www.geographische-revue.de/archiv/georv100.pdf
- http://www.hausarbeiten.de/rd/archiv/geographie/geo-text46/geo-text46.shtml
- http://jvc.es/pages/iptsreport/vol07/german/Inn2D076.htm
- Ott, Thomas (1997): Erfurt im Transformationsprozeß der Städte in den neuen Ländern – ein regulationstheoretischer Ansatz. in: Erfurter Geographische Studien, Ausgabe 1997, Heft 6
- Leborgne, Danièle / Alain Liepitz / Peter Noller (Hg.) : Nach dem Fordismus. in: Stadt-Welt (1995)